ZERO DE ORDEM $_n$

Estudo sobre uma nova representação para
o algarismo zero, que poderá ser de grande
utilidade nas operações de integração,
representação de balanços em
contabilidade e para representar estatísticas
em geral onde figurarem o número ou o
algarismo zero.

ROBERTO DA SILVA ROCHA

Mestre em Ciência Política pela

Universidade de Brasília – DF - BRASIL

-

E-mail rsrocha@yahoo.com.br

ZERO DE ORDEM $_n$

Introdução

O tema deste trabalho surgiu durante uma aula de Metodologia Científica em que tentávamos explicar aos alunos a função do dogma na pesquisa científica que utiliza o método dedutivista, como é o caso típico das ciências Matemática e Física. Então explicávamos aos alunos que não se pode menosprezar nem minimizar a força deste poderoso método, cujas raízes encontram-se na metafísica.

Então, para ilustrar aquela aula tomamos a relativização de um conceito trivial e familiar contida na noção do algarismo zero no senso comum. Perguntei então à classe se o zero era um conceito absoluto. A resposta óbvia foi que sim. A seguir perguntei se na operação definida no conjunto dos reais representada por $5 - 5 = 0$ o zero obtido da operação era da mesma ordem que o zero obtido da operação representada por $7 - 7 = 0$. A resposta foi obviamente que sim, ou seja os zeros eram da mesma ordem, vale dizer, era o mesmo zero.

Então fiz a pergunta fatal: se você tivesse aí em seu bolso uma nota de um dólar e eu a tirasse, você comportar-se-ia da mesma forma se eu lhe tirasse um milhão de dólares de sua conta bancária zerando-a? A resposta foi obviamente que não se dispunha desta quantia mas que se a tivesse e alguém lhe tirasse um milhão de dólares mataria esta pessoa. Todos nós rimos desta experiência mas nos pareceu naquele momento que nada demais significaria este exemplo além de uma boa piada. Mas não é o que acontece quando uma pessoa acerta um prêmio de um milhão de dólares na loteria e perde o bilhete, há uma sensação de perda de algo que nunca tivemos, é a mesma sensação do jogador num cassino que acumula um ganho de um milhão de dólares e então dobra a sua aposta e perde tudo que ganhou: esteve virtualmente milionário por alguns minutos para voltar a ser como antes. Como explicar esta sensação de perda de algo que nunca tivemos?

No cálculo integral e diferencial faz toda a diferença quando se deriva uma equação que é composta de constantes em algum de seus termos, na hora em que se vai integrá-la então o máximo que se consegue chegar perto da função original é apenas uma aproximação bastante imprecisa, na verdade uma família de soluções em torno de uma aproximação   que é tão precisa quanto a imaginação e a habilidade do manipulador. É como um elefante andando no escuro dentro de uma cristaleira cheia de taças de cristal, com os olhos vendados.

Voltando aquela aula, ainda disse mais: estar solteiro não é a mesma coisa que estar viúvo, existe um passado neste nível zero destas duas situações civis, apesar de ambos os casos haver uma solteirice.

Então ficou claro para a turma que a história antecedente do zero é tão ou mais importante que o próprio zero, e mais, todo zero tem um passado, tem história, tem um antecedente que o distingue e o determina inequivocamente, a este passado damos o nome de resíduo de ordem n do zero: zero de ordem n onde o n é o resíduo que antecedeu ao zero, no caso dos exemplos mencionados seriam respectivamente zero de ordem 5, representado por 0_5 derivado da expressão $5 - 5 = 0$ cujo cinco é o seu resíduo; zero de ordem 7, representado por 0_7, para o zero derivado da expressão $7.000.000 - 7.000.000 = 0$,

$0_{1.000.000}$ para o zero derivado dos exemplos restantes.

Revisão da Bibliografia[1]

A história da invenção dos números remonta às civilizações mais antigas tais como a sumeriana, babilônica, egípcia, grega, romana, hebraica, maia, chinesa, hindu e árabe.

Coube à civilização árabe levar ao ocidente os avanços da civilização hindu que encerraram a era da descoberta e criação da moderna numerografia. Foram os hindus que nos deram a moderna nomenclatura dos algarismos ao inventarem duas coisas que revolucionaram os números: a primeira foi a representação dos mesmos segundo a sua posição e ordem na escrita, e a segunda invenção foi justamente o zero.

A importância da primeira invenção reside no fato de que até a Idade Média não se representavam valores iguais ou maiores do que um milhão, portanto não existia uma

---

[1] IFRAH, Georges. *Os núumeros*: História de uma grande invenção. (tradução de SENRA, Stella M. de Freitas). 9.ed.   São Paulo: Globo, 1985.

representação gráfica para este e outros valores maiores, por isto cada valor tinha uma representação própria, com exceção do zero que era representado por um espaço vazio, os gregos diziam que o vazio não se representa, era uma bobagem faze-lo. A Segunda foi a invenção do próprio zero, o qual revolucionou definitivamente a matemática e a numerografia.

Coube aos gregos a democratização do conhecimento através da criação de escolas públicas para os cidadãos, (cidadãos entendidos como aqueles do sexo masculino, não escravos e não estrangeiros) pois as civilizações que a antecedeu e as contemporâneas reservavam o acesso ao conhecimento para uma casta especial de funcionários do estado escolhidos para guardarem os segredos da escrita e das ciências.

Não se sabe ao certo quem foi o inventor do algarismo zero, mas sabe-se que provavelmente o matemático hindu de nome Brahmagupta já o escrevia em seus teoremas e demonstrações matemáticas, no século sétimo da nossa era, portanto admite-se que o zero teria surgido aproximadamente no século VII d.C.

Assim os chamados algarismos arábicos foram inventados há dezesseis séculos na velha Índia e trazidos para o Ocidente pelo matemático árabe chamado Al-Khowarizmi. Enquanto os índios botocudos do Brasil ainda não conseguem contar além do número quatro, pois só conhecem o um e o dois, alguns mais hábeis manipulam o dois-um e o dois-dois, acima de quatro já seria uma quantidade incontável. Na Idade média somente as universidades italianas ensinavam a multiplicação e a divisão, os melhores matemáticos alemães e franceses passavam intermináveis horas efetuando somas e subtrações. Algumas culturas como a dos aborígenes de Papua Nova Guiné tinham um sistema de contagem em que cada parte do corpo representava uma determinada quantidade, assim seria:

1. Auricular direito

2. Anular direito

3. Médio direito

4. Indicador direito

5. Polegar direito

6. Pulso direito

7. Cotovelo direito

8. Ombro direito

9. Olho direito

10. Olho direito

11. Nariz

12. Boca

13. Olho esquerdo

14. Orelha esquerda

15. Ombro esquerda

16. Cotovelo esquerdo

17. Pulso esquerdo

18. Polegar esquerdo

19. Indicador esquerdo

20. Médio esquerdo

21. Anular esquerdo

22. Auricular esquerdo

23. Seio direito

24. Seio esquerdo

25. Quadril direito

26. Quadril esquerdo

27. Partes genitais

28. Joelho direito

29. Joelho esquerdo

30. Tornozelo direito

31. Tornozelo esquerdo

32. Pequeno artelho direito

33. Artelho seguinte

34. Artelho seguinte

35. Artelho seguinte

36. Grande artelho direito

37. Grande artelho esquerdo

38. Artelho seguinte

39. Artelho seguinte

40. Artelho seguinte

41. Pequeno artelho esquerdo

Várias tribos da Oceania têm formas gramaticais para declinar a forma gramatical do singular, dual, trial e quaternal, além desses, passa a ser plural, a nossa tradição cultural somente distingue as formas gramaticais singular, casal e par, acima disso é plural.

Surgiram em diversas épocas históricas e em diversas localidades do mundo muitos sistemas de bases para os números, desde a binária, a base cinco, como nas Ilhas Novas Hébridas, outros povos adotaram a base vinte, como por exemplo o Alto Senegal, Guiné, Nigéria, no Orinoco na Venezuela atual, os esquimós e os astecas, a base doze, como os sumérios, a base sessenta, com os babilônios que a herdaram dos sumérios, a base dez, como por exemplo os chineses e os hindus.

Antes da invenção da escrita dos números os chineses inventaram um modo complexo de fazer multiplicações tocando nas falanges dos dedos, com isto chegaram até a casa do bilhão utilizando para isto de mais outros pontos das mãos e dos dedos, para marcar as quantidades marcavam-se ossos, pedras, com entalhes e nós em cordões dispostos em determinada ordem, existem destes vestígios com mais de 30 mil anos.

Ainda persiste em muitos pontos da África e do Oriente o hábito de negociar valores e quantidades tocando-se com habilidade as partes das mãos entre negociantes o regateiro dos valores entre o vendedor e comprador. Em alguns casos este jogo acontece sob uma pequena capa de pano colocada sobre as mãos dos negociantes para que o negócio permaneça em segredo.

O surgimento da escrita das quantidades remontam aos registros encontrados pelos arqueólogos. Um destes importantes achados arqueológicos aparecem na Mesopotâmia que datam de 3,5 mil a.C. e representam o sistema de registro baseado em objetos que representam um sistema misto de base sessenta e base dez; este sistema era constituído de bastonetes representando as unidades, de esferas pequenas representando as dezenas, de cones pequenos representando sessenta, grandes esferas representando 3,6 mil, cones grandes perfurados representando seiscentos, e esferas grandes perfuradas representando 36 mil.

Para representar uma quantia ou quantidade eles colocavam estes símbolos-objetos dentro de uma esfera que deveria ser quebrada (aberta) na presença de uma testemunha para que fosse conhecida a informação quantitativa. Este processo implicava na destruição da esfera que continha o conjunto de símbolos. Os arqueólogos perceberam que no ano 3,1 mil a.C. ao invés de colocar apenas os objetos no interior da esfera passaram a desenhar os objetos contidos no interior da esfera na sua superfície externa. Logo perceberam os mesopotâmios que era redundância preencher a esfera com os objetos representados na sua superfície externa. Daí para uma tábua de representações de símbolos-objetos desenhados foi um salto seguinte, acontecido em 3 mil a.C.

Um capítulo à parte foi construído pela civilização egípcia nesta ciência dos números. Há mais de 4 mil anos a.C. existem registros de cifras nos tabletes, templos e monumentos arqueológicos deixados pelos egípcios. Já no ano 3 mil a.C. o progresso da escrita e do registro de cifras egípcios estavam amadurecidos, o que confere aos egípcios a mais indiscutível primazia também neste setor do desenvolvimento da civilização, utilizando a base decimal os egípcios tinham símbolos para as potências de dez de um até um milhão, mas para provar a sua originalidade a unidade era representada por um traço vertical, a dezena por uma asa, a centena por uma espiral, o milhar por uma flor de lótus estilizada, a dezena de milhar por um dedo ligeiramente articulado, a centena de milhar por uma rã ou girino, o milhão por um homem com os braços erguidos para o céu. Assim, os números eram representados a partir do menor valor para o maior representando sucessivamente as classes de valores, primeiro as unidades, depois a quantidade de dezenas, repetindo o símbolo das dezenas até atingir a magnitude de dezenas, assim como para as centenas, milhar e milhão, ou milhões.

Os egípcios construíram um interessante algorítmo para efetuar multiplicações e divisões. Este dispositivo foi construído utilizando uma propriedade da base dois, onde eram construídas duas colunas paralelas onde na primeira eram apresentados os termos consecutivos da base dois a partir do expoente zero, e na coluna correspondente que inicia com o número do divisor que se quer usar para dividir a quantidade da qual se quer saber o dividendo, e os números das linhas seguinte são obtidos dobrando-se o número antecedente da mesma coluna, por exemplo, uma divisão do número 7011 por 19, ou a multiplicação de 369 por 19.

1	19*
2	38

4	76
8	152
16	304*
32	608*
64	1216*
128	2432
256	4864*

Então, as linhas assinaladas com asterisco são aquelas cuja soma dos elementos da primeira coluna é igual ao número 369, e a soma dos números da segunda coluna é igual a 7011. Esta associação indica os resultados das operações tanto da multiplicação de 369 por 19 quanto da divisão de 7011 por 19.

A evolução da representação dos símbolos numéricos representou um processo longo e pouco criativo, provavelmente começando com a marcação das unidades, uma a uma, através de uma marca simples, um traço, que evoluiu para símbolos diferenciados, representando um conjunto de repetições, o que ocasionava inscrição de uma quantidade muito grande de símbolos para representar um número, pois não existia um sistema compacto e abreviado de escrituração dos números.

Como os múltiplos da base não eram interpretados segundo a sua posição na escrita eram necessários muitos símbolos repetidos para indicar os múltiplos das dezenas, centenas, dos milhares e da unidades, necessitava-se de uma simplificação que facilitasse a escrita e a leitura dos números, por exemplo, para representar o número 300 era necessário repetir o símbolo de cem três vezes. Assim a escrita romana, grega, etrusca, egípcia, inca, maia serviam-se de expedientes sinóticos para abreviar ou reduzir as repetições, somente com a invenção hindu que este problema foi resolvido através da representação posicional dos símbolos, onde a primeira posição indica as unidades, a segunda as dezenas, a terceira as centenas e assim por diante, da direita para a esquerda.

Gregos, hebreus e árabes começaram a representar os números utilizando as letras do alfabeto simplificado de 23 letras introduzido pelos fenícios, esta estratégia criou novos problemas para representar quantias superiores a capacidade que representa tal limitação das 23 letras, o que foi parcialmente solucionado através da multiplicação por múltiplos das dezenas, para aumentar a capacidade representativa deste processo, embora limitado.

Foi esta adaptação do alfabeto para grafar os valores numéricos que deu origem dois mil anos mais tarde à toda superstição da chamada numerologia, assim como o número 13 é associado ao azar, no Brasil, na Itália é o número 17, que na grafia antiga era escrito em algarismos romanos XVII, que na antiga grafia em algarismos romanos primitivos era grafado VIXI, "vivi", ou "estou morto". Com estas formas de representação um simples cálculo de soma era um gigantesco esforço de engenharia.

No sistema hieroglífico egípcio e nos seus similares gregos, romanos, hebreus, maias, astecas, assírios, o número escrito tinha o seu valor determinado independentemente de sua posição relativa, além de confuso este sistema impossibilitava o seu uso no cálculo direto, assim, para representar 72400 escrevia-se 70 mil 2 mil e 400, ou 7 x 10 x 1000, 2 x 1000, 4 x 100. O símbolo moderno, o algarismo, tem o seu valor alterado de acordo com a sua posição relativa num conjunto de algarismos que formam um número, no método moderno cada casa representa multiplicar o algarismo da casa por uma potência de 10 uma unidade maior que em relação à posição imediatamente posterior, começando da potência de expoente zero na última casa, a anterior potência 1, a antepenúltima quadrado, e assim por diante em relação à base que geralmente é base 10. Este recurso posicional teria sido utilizado pelos mesopotâmios, os babilônios no século XVI a. C. sobre uma base sexagesimal, não valendo este esquema do número 1 até 59.

A confusão do sistema babilônico surgia quando devido à posição do algarismo a representação exigia o salto de uma posição, como não existia o zero o espaço ficava em branco, o que poderia confundir o número 702 com o 72, pois o zero não era representado, os babilônios decidiram colocar o símbolo numérico em posição oblíqua para representar a posição correta dos símbolos no número, este seria o protótipo do primeiro zero primitivo, utilizado apenas para alinhar os algarismos no número, não seria este símbolo uma expressão de algo nulo, apenas um marcador de posição.

Na China da dinastia Han, séc II a.C. a II d.C. utilizava-se a representação posicional, mas a ausência do separador zero causava muitas ambiguidades na representação de valores como 702 e 72, que ficavam grafados respectivamente 7 2 e 72, com de espaços ambíguos, ou com uma fraca separação entre os algarismos 7 e 2.

Da mesma forma, os Maias, no primeiro milênio d.C. já utilizavam a notação posicional para segunda posição que tinha base 18, isto invalidava a posição do zero como operador direto para representar os números por isto inventaram o zero. Seu sistema cuja base era 20, com uma anomalia na segunda casa dos números assim representados. Esta anomalia está relacionada ao calendário astronômico maia que tinha mes de 20 dias, ano de 360 (18 x 20) dias, e ciclos anuais de 20 anos (20 x 18 x 20), 400 (20 x 20 x 18 x 20) anos e 8000 (20 x 20 x 20 x 18 x 20b) anos.

Infelizmente a invenção da posição pelos babilônios e a do zero pelos maias não se propagou até a nossa era e civilização, fatos atribuídos ou reconhecidos aos hindus.

A primeira referência confirmada através de documentos históricos sobre o zero vem da Índia, séc V d. C. no livro chamado Lokavibhãga, livro do movimento religioso jainista publicado em 25 de agosto de 458, onde os números são escritos em ordem inversa à atual, começando pelas unidades depois dezenas a seguir centenas conforme a fala oral, eram os princípios da ordem e a aparição do zero, chamado 's~unya. Assim os Hindus foram os responsáveis pelas três maiores invenções da matemática: a invenção dos nove algarismos independentes, a invenção da notação escritural posicional dos algarismos que dá a magnitude do número pela posição do algarismo, e finalmente a invenção do algarismo zero.

O zero

O zero inicialmente significava o vazio, a lacuna a ser preenchida com nada. Apesar de significar o nada foi um dos maiores e mais significantes das invenções da matemática. Mesmo assim foram necessário mais de dez séculos para que estas descobertas fossem definitivamente aceitas pelo mundo ocidental.

No século XVI existiam dois tipos de cálculo: *a get* e a *la plume*, o primeiro o tradicional legado pelos gregos e romanos, bastante complicado, o segundo, o de origem hindu, trazido pelos árabes para o Ocidente. Foram os árabes que salvaram a cultura ocidental greco-romana da destruição e do esquecimento durante a Idade Média e ainda fizeram a ponte entre o Oriente e o Ocidente, através das Universidades em Bagdá, Damasco, Cairo, Kairuan, Fez, Granada e Córdoba.

Al-Khowarizmi logo descreveu dois dos procedimentos mais importantes da matemática: a passagem sucessiva dentro de regras rigorosas de uma etapa para outra de modo encadeado até se chegar a uma forma mais simples a partir de uma equação complexa, processo chamado de **algoritmo**; a separação e a passagem de um termo de um lado para o outro da igualdade, chamada de *álgebra*.

Tais conhecimentos foram introduzidos na Europa, ironicamente por causa das Cruzadas que visavam justamente a conversão dos muçulmanos árabes ao cristianismo, entre os anos 1095 d.C.   e 1270 d.C., então aquela cultura deixou de ser diabolizada, São Tomaz de Aquino pôde ler as obras de Aristóteles salvas pelos árabes da destruição, traduzidas muitas delas do grego e latim para o árabe.

Discussão sobre o zero de ordem n

O processo de avanço científico é inesgotável. Sempre algo tem sido acrescentado ao conhecimento, quer seja para supera-lo, amplia-lo, corrigi-lo, suprimi-lo ou mudar-lhe e restringi-lo. Assim a hipótese proposta neste trabalho pretende colocar à prova uma descoberta, ou uma inovação no campo da teoria matemática que pretende tomar de volta a discussão sobre um invento que teria quase mil anos: o zero.

Por ser tão antigo torna-se dogmático tentar aperfeiçoar o que parece ter recebido o aval das melhores cabeças matemáticas do mundo científico moderno e dos grandes gênios.

Porém, sem a ousadia de uns pouco e até limitados criadores talvez a ciência ficasse na dependência perigosa da exclusividade da criatividade dos grandes gênios da humanidade.

Assim oferecemos à discussão uma hipótese bastante plausível sobre o que seria um aperfeiçoamento deste grande tótem da matemática que é o zero. Oferecemos, portanto, aos estudiosos e matemáticos em geral esta descoberta, ou concepção matemática para a análise e discussão.

Pode o zero receber algum aperfeiçoamento que não tenha sido feito por René Descartes, François Viète, Leibiniz, Taylor, Euler, entre outros?

A hipótese proposta neste trabalho é:

O zero obtido através de uma operação algébrica tem um passado que o torna dependente da operação que o gerou, a este processo de geração forma um resíduo chamado ordem de grandeza do zero. Neste caso zeros assim obtidos têm uma ordem que é definida pelo

processo que residualmente o gerou

Assim em uma operação algébrica em que restar zero este deve ser acompanhado do seu resíduo para indicar a ordem de grandeza dos valores que o geraram para que a operação derivada do algorítmo possa prosseguir ou possa trazer mais informações ou uma informação precisa sobre a ordem de grandeza do zero.

Quem já tentou integrar uma equação a partir de uma equação derivada da qual a derivada gerou um zero sem a indicação da ordem sabe da dificuldade para obter-se a equação original antes da derivação. Sem o zero de ordem é impossível restabelecer-se a equação original, com o zero de ordem esta informação com a relação à equação original pode ser fielmente recuperada pois ela faz parte da informação da ordem do zero cuja derivada o originou.

O que é a ordem n de zero? A ordem n de zero é a notação que se colocaria em forma de um índice após o zero em indicação do valor da constante que foi derivada da transformada no resíduo comum zero, vale lembrar que a derivada de qualquer termo constante é sempre zero, qualquer que seja ele. Assim salva-se a memória da constante antes da derivação para que ela possa ser utilizada na integração da equação assim obtida pela derivação, tanto de primeira ordem como das ordens superiores.

Uma outra grande aplicação para a guarda do resíduo de zero é nas operações de contábeis. Saldo zero não é igual. Cada zero tem uma história, tem uma ordem de grandeza.

O cliente que zerou o seu saldo pode ter um saldo médio extremamente maior do que outro cliente que no mesmo momento tenha o mesmo saldo zero. Assim, o zero deve ser grafado com o seu resíduo, ou seja, recuperar a informação que o gerou através de uma notação do resíduo, no caso, da operação que o gerou. Na Contabilidade o Balanço Patrimonial de uma empresa não faria nenhum sentido se não se puder entender o processo que deu origem ao zero do equilíbrio da equação patrimonial dada pelo zero do balanço ativo = passivo + patrimônio líquido. O que interessa aos leitores do balanço patrimonial não é o zero da equação mas sim a sua distribuição, ou a sua trajetória até o zero, ou seja o seu resíduo dado pela ordem de grandeza, o que depende do saldo do patrimônio, do grau de endividamento, grau de liquidez, alavancagem e lucratividade, ou seja, a ordem do zero do balanço patrimonial, que por definição da Contabilidade tem que ser zero, esta é a essência da Contabilidade.

Falta o tese de refutação para concluir a hipótese desenvolvida a partir das premissas do método hipotético-dedutivo. Como construir um teste refutacional para submeter a hipótese ao método científico a partir da teoria?

A história do número não tem nenhum elemento impeditivo da adoção desta hipótese, a razão é simples: esta hipótese acrescenta informações ao zero inventado pelos babilônio e hindus, portanto, não há fundamentos na ciência Matemática que fundamentem a refutação desta proposição, uma vez que a ordem de zero não altera nenhuma das operações, princípios, fundamentos ou axiomas da Matemática, assim ficam estabelecidas as condições para a comprovação desta hipótese sem reformulações diante da completa ausência de refutação das bases Matemáticas, ainda que o resíduo de zero fosse obrigatório em nada alteraria qualquer algorítmo ou operação algébrica ou matemática em geral.

Conclusão

O zero de ordem n é um avanço da Matemática que pode e deverá ter aplicações as mais diversas no campo da Matemática que estão daqui para frente a cargo de outras pesquisas que certamente serão desenvolvidas a partir desta descoberta, que sem dúvida é de um potencial inimaginável e imprevisível.

Supostamente esta é uma lacuna que deve e está sendo preenchida na Matemática, oportuno é que se faça tão logo novos estudos sobre os impactos desta facilidade nos cálculos diferenciais e integrais e também na análise de operações contábeis.

A ordem do zero acrescenta informações ao sentido de nulidade que representava o zero, portanto ao adicionar a ordem do zero qualifica-se o zero ao dizer da trajetória para se chegar ao zero, e esta informação pode ser crucial para determinadas operações que precisam delas como os dois casos citados nesta conclusão.

Bibliografia

1 - IFRAH, Georges. *Os números*: História de

uma grande invenção.   (tradução de

SENRA, Stella M. de Freitas).   9.ed.

São Paulo: Globo, 1985.

A Perenidade da Informação

O que é a informação?

Tende-se confundir a informação com a comunicação.

Em primeiro lugar, comunicação é informação em movimento.

A informação é um conjunto de parâmetros, dados, relações e constantes - ou pode também constituir um sistema de dados - imanentes ao universo.

A informação é pré-existente ao conjunto de símbolos capazes de representá-la. A informação prescinde de conhecimento prévio dela, pode existir e estar lá mesmo que a ciência desconheça o fato informacional.

A informação é o indicativo do fenômeno, o indicador, o índice, a contagem do fato, a medida do fato, a quantificação do fato, a relativização do fato, a materialização da ordem de grandeza do fato.

A informação é uma instância do universo. A informação é: perene, atemporal e guarda a memória de todo o universo e de tudo que nele acontece e acontecerá desde sua criação há 17 bilhões de anos, organizando toda a matéria, a energia, as ondas, posições relativas no espaço e no tempo, é também um conjunto das correlações entre a matéria, a energia, a onda, a posição espacial e temporal.

Então o que é a informação?

É mais consueto dizer-se para que serve a informação do que se tentar definir o que é a informação, com isso deixar-se conduzir-se pela epistemologia para a compreensão "Verstehen" dela sem tentar defini-la.

Corolário – 001

A informação desde o Big-Bang até a nossa era telúrica teria que chegar à frente da onda de luz, das ondas eletromagnéticas, das ondas gravitacionais, das ondas de forças nucleares fortes e fracas para preparar a matéria e a energia para formar e para organizar os primeiros tijolos da matéria nas subpartículas subatômicas.

Corolário – 002

a) A informação precedeu à formação da matéria, partículas e subpartículas subatômicas para preparar e para organizar e estruturar o universo em formação;

b) A informação precede à matéria, sempre;

c) A informação precede à energia sempre;

d) A informação não é matéria;

e) A informação não é energia;

O DNA é a informação sistêmica dos seres vivos que estrutura a vida de forma planejada e detalhada, minuciosamente.

Questões:

1) Existiria um tipo análogo ao DNA para o átomo?

2) Existiria um tipo análogo ao DNA da substância química?

3) Existem informações análogas ao DNA para as estruturas atômicas complexas?

O mundo é elétrico.

O mundo atômico é estruturado pelas interações eletrostáticas mais do que pelas interações gravitacionais. A força de atração elétrica é da ordem de 10^{40} vezes maior do que a força de interação gravitacional, embora as interações eletrostáticas sejam da ordem de grandeza das interações gravitacionais devido ao processo de movimentação das cargas elétricas móveis em torno de condutores e dos materiais isolantes que tendem a minimizar as forças elétrica poderosas.

São as forças eletrostáticas que interagem organizando o mundo material, e principalmente, pelo menos ao nível atômico.

a) Ligações iônicas;

b) Ligações covalentes;

c) Pontes de hidrogênio;

d) Hibridizações.

São todas exemplos de atrações eletrostáticas:

a) Núcleo-Núcleo;

b) Núcleo-elétron;

c) Elétron-elétron;

d) Forças de dispersão de London (**forças** dipolo instantâneo-dipolo induzido);

e) Forças de Van der Waals;

f) Ligações metálicas.

A memória do átomo -> é a forma de organizar, classificar e armazenar a informação da matéria e da energia.

Memórias (categorias e formas de memórias do átomo)

a) Físicas

A1 – Elasticidade: objetos flexíveis quando deformados retornam à forma básica quando reduzida ou anulada a força que produziu a deformação;

A2 – Inelástica: objetos memorizam a nova forma geométrica quando submetidos a uma grande força deformadora e mantém esta forma indefinidamente;

b) Químicas

B1 – Atômica: átomos mantém a estrutura, tipo, arranjo de partículas resistindo às transformações químicas e atômicas para mudanças para outras formas químicas e atômicas;

B2 – Estrutura: arranjos cristalinos e geométricos de partículas (isotropia e hibridizações).

Detalhes da Físico-química da estrutura atômica nos comprovam a engenharia da matéria (informação química).

a) Diagrama de Linus-Pauling;

b) Orbitais geométricos dos números quânticos (s/p/d/f); e os esquemas de energia dos orbitais dos elétrons;

c) Quantização da energia dos orbitais;

d) Propriedades da matéria;

e) Constantes universais (K, G, μ, π, Ω).

f) Unidades cardinais de massa, carga elétrica, potencial de ionização, ponto de fusão, congelamento, ebulição).

g) Fórmulas físico-químicas.

   i. O universo, como já verificamos, constitui-se de um sistema de informação autônomo.

   ii. Equação de De Broglie:

   iii. λ -> comprimento de ondas

   iv. η -> constante de Plank $6,62*10^{-34}$ joules por segundo

   v. $\rho = mv$ -> momento da partícula

   vi. $mv -> 0 \leftrightarrow \lambda = \infty$

   vii. Logo:

h) A massa não pode ser reduzida a zero;

i) A velocidade não pode ser reduzida a zero.

Conclusão:

Estão provadas as características material e corpuscular da onda CQD.

Sendo:

P = mv o momentum da partícula, então, considerando que:

$\Lambda = h/\rho = $ Å comprimento de onda

Se $\lim_{\to 0} \rho \Rightarrow \lambda \to \infty$

Se $\lim_{\to \infty} \lambda \Rightarrow f \to 0$

F = frequência

1 – Porque os fótons desaparecem na transição quântica de orbital?

2 – Porque as partículas não desaparecem?

As respostas respectivas são:

a) $h/mv = \lambda \to \infty$ é verdade se e somente

se:

b) $\lim_{\to 0} m$ ou se $\lim_{\to 0} v$ então: $\lambda = h/mv$

c) $m \to 0$ quando o fóton é destruído

d) $v \to 0$ quando a partícula deixa o

estado de onda

Dualidade partícula / onda de De Broglie:

- o fóton não pode ter $\lim_{\to 0} v$

- a partícula não pode ter $\lim_{\to 0} m$

A velocidade do fóton é constante, sua

aceleração instantânea;

A massa da partícula é uma constante

$\lim_{\to 0} \lambda = h/mv$ implica em:

a) $\lim_{\to 0} m$ se for um fóton então $\lambda \to \infty$

b) $\lim_{\to 0} v$ se for uma partícula então $\lambda \to$

∞

i. $\lim_{\to 0} \lambda$ logo: $f = 0$; e $T = \infty$

em $f = 1/T$

Efeito quântico da transição de orbital do elétron excitado:

a) O quanta atinge velocidade c instantaneamente;

b) A velocidade do fóton decai do c ao zero instantaneamente;

c) Para ter aceleração instantânea a massa do fóton tem de ser zero.

d) Lei do decaimento ou da entropia simultânea do quanta: a velocidade da partícula quântica tende a zero e a massa do fóton tende a zero na transição quântica.

Corolário – 003

A informação não pode ser destruída; logo, a informação no universo também não pode ser criada. A informação é imanente ao universo.

De qual informação estamos nos referindo?

Por exemplos:

a) A estrutura DNA-Rna forma um conjunto de informações genéticas dos seres vivos

b) O sistema de instintos dos animais forma o conjunto de informações ligadas à sua capacidade de sobrevivência e de orientação no meio ambiente;

c) O fototropismo vegetal consiste em aplicar informações para a

adaptação e adequação do vegetal
à luz;

O universo é feito de informações, energia, matéria os quais Einstein relacionou-os pela equação temporal $E = mc^2$;

A inteligência e a lógica não são necessariamente informações, a inteligência e a lógica relacionam conjunto de informações para gerarem novos conjuntos de informações de acordo com determinadas utilidades. A inteligência e a lógica são finalísticas, a informação é apenas o registro de fatos, estados e de marcos temporais e espaciais.

A inteligência e a lógica por serem finalísticas são teleológica por isso inteligência e lógica referem-se sempre a um conjunto determinado de dados.

Segundo o corolário deixado por Einstein, a informação não pode se antecipar à velocidade da luz, no caso, a transmissão da informação deve chegar juntamente com a velocidade da luz.

O que este estudo tem a dizer sobre isto? É que a informação não caminha: ela já este em todo o canto do universo para organizar as relações e correlações materiais, energéticas e espaciais, a informação independe de comunicação para ser instantânca.

A informação constitui-se de um conjunto (sistema – supersitemas – subsistema) de dados estruturados em:

1. Classe / grupo;

2. Tipo;

3. Ordem / sequencia;

4. Frequência /repetição

5. Agregação / parte-todo; pai-filho;

   geral-específico;

   componente-container;

6. Conjunto-partes;   material-objeto;

   porção-objeto;   local-área;

   conjunto-membro;

   contêiner-conteúdo;

   membro-parceiro.

A capacidade de comunicação da

informação foi determinada pelo

matemático francês Fourier através da

equação:

$$f(x) = a\_0 + \sum\_(n = 1)^{\infty} (a\_n \cos [n\pi x/L] + b\_n \sin [n\pi x/L])$$

Uma equação representa uma formula

cujos ingredientes são das informações que

são consumidas – processadas

/transformadas – em forma de parâmetros,

variáveis, constantes, tempo e energia em
outras variáveis, constantes e parâmetros.
Uma equação é apenas uma transformação
sobre conjunto de variáveis e parâmetros
em outras variáveis e parâmetros.

Na medida em que um fenômeno se
desenvolve as informações são processadas
e consumidas de acordo com a orientação
dada pela fórmula expressa pela equação.

Exemplo de insumo informacional:

Nas equações de Química, da Física, no
desenvolvimento de células vivas animais
ou vegetais tudo o que significa mudança,
ou conservação / manutenção da vida
representada pelo estado, transformação ou
equilíbrio exige um balanço de energia, e
mais ainda, exige processamento de

informações perfeitamente organizadas em forma de fórmulas e equações conhecidas ou não pela Ciência humana.

Na equação cinética que representa a energia de um corpo de massa dada (m) representada pelo seu peso e pela sua velocidade (v) a energia cinética do movimento deste corpo é representada pela fórmula:

$E = \frac{1}{2} * mv^2$

Então, digamos que os passageiros de um automóvel com massa total de 1000 kg viajando a uma velocidade de 20km/hora. A equação $E = \frac{1}{2} * v^2$ vai processando as informações durante o trajeto da viagem do automóvel, então informações vão sendo consumidas as novas informações como uma curva, uma freada, uma aceleração progressiva, enfim, novas informações a todo instante vão sendo processadas pela equação da cinemática aplicada ao automóvel, modificando a relação entre todas as variáveis e parâmetros durante o trajeto do automóvel.

Campo gravitacional: existe?

I – Campo

Campo Elétrico versus Campo

Gravitacional

Ia – Hipótese

"O campo gravitacional é a sinestesia do

Campo Elétrico". (*A gravidade vista como*

um epifenômeno da eletrostática)

Ia1 – Consequências:

Corolário – 1

O campo elétrico é cerca de 10^{41} vezes

maior do que o campo gravitacional em

medida de potencial de força atrativa;

Corolário – 2

O campo gravitacional não existe

Corolário – 3

O campo gravitacional é um dos efeitos
secundários da atração-repulsão
combinada e simultânea das cargas
elétricas dos átomos e das partículas
atômicas e subatômicas.

II – Introdução

IIb – Revisão da Bibliografia

IIb1 – Toda matéria contém carga elétrica
primariamente representadas por:

1. Elétron possui carga negativa;

2. Prótons possuem carga negativa;

IIb2 – Toda matéria contém carga elétrica secundariamente representada por:

1. Neutrons possuem cargas positiva e negativa em equilíbrio eletrostático;

2. Próton possui cargas negativa e positiva em desequilíbrio eletrostático positivo;

3. Pósitrons possui carga positiva.

IIb2 – Toda matéria química molecular interage através da sua camada eletrônica de elétrons livres. A camada de valência.

É do balanço elétrico (das suas cargas elétricas internas) que se formam as substâncias químicas moleculares simples e compostas das quais o núcleo dos átomos participa secundariamente.

Quando o núcleo interage nestas reações é perceptível a presença de dois resultados-efeitos:

1. Liberação de radiação;

2. Energia atômica liberada em quantidades maciças.

IIb3 – Regra do Octeto

É uma misteriosa regra da Química Geral que afirma e garante que:

a. As moléculas tendem a um arranjo de átomos que forme no estado mais estável da matéria, quimicamente e termodinamicamente, na última camada de valência uma configuração com exatamente 8 elétrons.

b. Os átomos se dividem em três grupos quanto aos 8 elétrons da última camada molecular:

b1 – menos de 4 elétrons seriam classificados como metais;

b2 – mais de 4 elétrons seriam classificados como não-metais;

b3 – exatamente 4 elétrons seriam semimetais.

As consequências da regra do octeto são as mais importantes para a Físico-Química.

Pela Regra do Octeto os átomos que possuem menos de 4 elétrons em sua camada de valência tendem a expulsá-los de suas órbitas (naturalmente).

- Estes elétrons órfãos são capturados por átomos vizinhos captadores destes elétrons livres;
- Estes elétrons órfãos formam uma nuvem de elétrons livres.

  - Pela regra do octeto, os átomos que possuem mais de 4 elétrons em sua camada de valência tendem a capturar elétrons vagantes ou elétrons ejetados por átomos vizinhos.

  - Consequências da regra do octeto:

- Este movimento de elétrons forma os íons;

- Os íons formados fazem as reações químicas;

- Os íons são responsáveis pela existência e formação das substâncias químicas compostas;

- Íons de cargas elétricas opostas se atraem;

- Íons de cargas elétricas semelhantes se repelem;

- Íons de cargas elétricas desbalanceadas eletricamente se atraem.

    - IIb4 – Movimento de cargas

    - Como os elétrons são livres para circularem entre os núcleos dos átomos eles são os principais responsáveis pela atividade química

não-nuclear das

substâncias e dos

elementos químicos.

IIb5 – Núcleo estável

Os prótons e os nêutrons tem um papel

passivo nas rações não-nucleares.

IIb6 – Carga elétrica da Terra

A Terra (planeta) possui carga elétrica

ligeiramente positiva, sendo protônica, daí

o efeito aterramento, atraindo os elétrons

livres das nuvens carregadas e dos objetos

elétricos carregados negativamente. (raios,

trovões, objetos, íons, corpos celestes).

IIb7 – Elétrons

Os elétrons possuem o papel mais importante nas reações químicas, principalmente.

IIb8 – carga Protônica

Os objetos grandes sólidos são protônicos, com a Terra, gerando duas considerações:

1. Os elétrons livres da superfície da Terra escapam da atração elétrica da Terra;

2. Os elétrons internos da Terra ficam aprisionados entre os núcleos dos átomos internos da Terra.

IIb9 – Mobilidade e prisão de elétrons

Esta mobilidade dos elétrons na matéria, Terra mais especificamente, geraria dois grandes efeitos importantes:

1. Atração:

1. a1) Entre a carga protônica da Terra e os elétrons aprisionados dos objetos próximos da Terra:

2. a2) Entre as cargas protônicas dos objetos e os elétrons aprisionados na Terra.

2. Repulsão:

1. b1) Entre as cargas protônicas dos objetos;

2. b2) Entre os elétrons

aprisionados da Terra e dos objetos próximos.

As consequências entre [9a] e [9b] seriam:

- A Força elétrica entre cargas é:

    - $F_e = k\ Qq/d^2$

    - Onde, para $k = 9 \times 10^9$

    - $E : Q = q = 1,602 \times 10^{-19}$

    - $F_e = 2,56 \times 10^{-28}$ Newtons

- A Força gravitacional entre massas é:

    - $F_g = G\ M_T.m/d^2$

    - Onde, para M_T = massa da Terra e m = massa do objeto próximo à Terra

$G = 6,67 \times 10^{-11}$

$F_g = 10,67 \times 10^{-70}$ para a massa m = massa

de um elétron = $9,109 \times 10^{-31}$

$M_{T=}$ massa da Terra 10^{32} Newtons

No balanço das forças, desprezando-se a

distância entre massas e cargas, por

estarem muito próximas, e a mesma

distância tanto para cargas elétricas como

se considerando a interação gravitacional,

para efeito de cálculo das F_e e de F_g:

1. $F_e = 10^{10} \times [1,6 \times 10^{-19}]^2 = 2,56 \times 10^{-28}$

2. $F_g = 6.67 \times 10^{-11} \times [10^{32} \times 1,6 \times 10^{-27}] =$

   $10,67 \times 10^{-70}$

As interações elétricas da ordem de $[2,56 \times$

$10^{-28}]$ e as interações devido à gravidade é

de

[10,67 x 10^{-70}], ou seja, 10^{-41} vezes maior entre as duas!

III – Conclusões

1 – A força gravitacional é desprezível frente à força elétrica entre as cargas;

2 – A força elétrica é hegemônica no universo.

Hipótese:

M_T = massa da Terra total de todos os prótons + elétrons + prótons

1. Considerando o número de prótons = número de nêutrons = número de elétrons

2. $M_T = 5,4 \times 10^{24}$ Kg

Logo $F_e = F_g = 5,4 \times 10^{24}$ Kg, esta é a hipótese

Desenvolvimento:

Campo eletromagnético

Todo campo elétrico oscilante produz efeito magnético, como, por exemplo, um movimento de íons ou de cargas elétricas;

- A Terra e o Sol se movem, ambos são íons protônicos envoltos em nuvens eletrônicas;

- Campos eletromagnéticos oscilantes produzem ondas eletromagnéticas de frequência modulada de diversos valores;

- Ondas eletromagnéticas induzem correntes elétricas em condutores metálicos;

O Sol e a Terra produzem campos elétricos oscilantes pois se movem em:

1. Rotação;

2. Translação;

3. Afastamento, aproximação;

4. Aceleração radial e linear

Com isso, as oscilações elétricas e magnéticas são em: intensidade, velocidade, direção, sentido, magnitude e quantidade.

Sabemos que campos elétricos induzidos geram forças contrárias e opostas em sentido, de Lenz, a força contraeletromotriz .

Este combinado cria um acoplamento eletromagnético que se realimentam mutuamente.

Cálculos empregados para a demonstração da hipótese: e as aproximações de magnitudes.

Massas:

M_P = Massa do próton / neutron 1,6726 x 10^{-27}Kg

M_e = Massa do elétron 9,109 x 10^{-31} Kg

Cargas elétricas P^+ /e^- 1,602 x 10^{-19} Coulombs

1 Coulombs = 6,25 x 10^{18} elétrons

K = 9,09 x 10^9

G = 6.67.x.10^{-11}

F_g = G M_T m/ d^2

F_e = K Qq / d^2

Massa da Terra = 5,4 x 10^{24} N

Hipótese:

Qual a força elétrica exercida pela Terra

F_eT

Entre os pares Prótons / Elétrons da Terra

Qp = Carga elétrica de um próton

Qe = Carga elétrica de um elétron

Número de pares prótons/elétrons da Terra

T = $2,12 \times 10^{52}$

Logo:

Força elétrica da Terra é

$9,09 \times 10^9 \times [1,6 \times 10^{-19}]^2 \times 2,12 \times 10^{52} =$

$5,4 \times 10^{24}$

Cálculo no número de partículas elétricas da Terra

1. Massa do elétron M_{e^-}

    i. $9,109 \times 10^{-31}$ kg

2. Massa do próton M_{p^+}

    i. $1,6 \times 10^{-27}$ Kg

1. Massa do neutron M_{n0}

$1,6 \times 10^{-27}$ Kg

Número de prótons = número de elétrons

Massa da Terra = $M_{e-} + M_{p+} + M_{n0}$

Massa total das partículas M_{tp}

$M_{p+} / M_{e-} = 1,67 \times 10^{-27}$ Kg $/ 9,109 \times 10^{-31}$

kg $= 1,67 \times 10^{3}$

$M_{TP} = [2 \times 1,67 \times 10^{3}] + 1 = 3,341 \times M_{e-}$

Dividindo a massa da Terra por M_{e-}

$5,4 \times 10^{24}$ Kg $/ 9,109 \times 10^{-31}$ Kg $= 0,636 \times$

10^{55} partículas

Número de partículas

$0,636 \times 10^{55} / 3,341 = 2,12 \times 10^{52}$

O TEMPO RELATIVO

Minha nova interpretação para o paradoxo EPR (Einstein, Podolsky, Rosen) acabou gerando uma nova concepção teórica a partir das experiências teóricas de Einstein e outros físicos para criar um argumento lógico hipotético sobre o fenômeno do tempo relativo.

Parece-me que esta nova explicação para o fenômeno do tempo poderia contemplar este paradoxo EPR e nos leva à tentação de explicar muito mais do que parece ser possível na Física Quântica.

Hipótese:

A hipótese que pretendo examinar pode ser

declarada nos seguintes termos:

Corolário nº 1

A equação do tempo $T = 1/F$, onde T é o

período de onda e F é a frequência

fundamental da onda.

Consequência do Corolário nº 1 é que:

O tempo é inversamente proporcional à magnitude escalar da Frequência

Corolário nº 2

A velocidade da Luz em uma frequência típica do espectro eletromagnético visível estabelece um operador (uma comparação de velocidades) para as operações de transformações aplicadas sobre outros fenômenos quânticos (fenômenos quânticos são aqueles que se dão nas proximidades da velocidade da luz) de maneira que o T, período, aproxima-se de zero de tal forma que pode ser considerado o limite temporal superior, acima do qual o

tempo começaria a ser negativo

(regressivo).

Corolário nº 3

Cada sistema possui o seu próprio período,

vale dizer, o seu próprio tempo.

Consequência do corolário nº 3:

Um super-sistema constituído de

subsistemas menores teria várias operações

de tempo, vale dizer, superposições

temporais entrelaçadas e independentes
(mistura de diferentes relógios).

Corolário n º 4

1. O pico e o vale (a vibração) da forma de
onda senoidal (em forma de S)
representam os estados de energia pura;

2. Entre o pico e o vale (no instante de
repouso entre meias vibrações – o
momento de inversão do movimento de
vibração) a matéria se transforma em
energia e vice-versa;

3. Assim, existem dois estados da frequência:

a) matéria;

b) Energia.

4. O tempo também é quantizado (dividido e frações descontínuas);

5. O tempo é fracionado (quantizado) entre

os estados de energia (pico e vale) da onda

senoidal;

6. O tempo é nulo dos estados de energia

pura (no pico e no vale da forma de onda

senoidal - exclusivamente);

7. O fóton (menor quantidade possível de

luz) surge com testemunha da passagem do

estado de energia do pico para o vale e do

vale para o pico na onda senoidal;

8. A menor fração de tempo conhecida e

verificável (quanta=quantidade tão

pequena quanto possa existir) é a transição

do fóton para a energia e da energia para o

fóton;

Conclusões:

O caso do gato de Schrödinger

Ao observar a roda do automóvel em

movimento de rotação, um observador

estacionário em relação ao pneu não

conseguiria ler o que está escrito na banda

de rodagem externa.

Com o auxílio de uma câmara de fotografia de alta velocidade do obturador ele poderia parar o tempo do pneu e ler o que está ali escrito, dependendo da velocidade do obturador da máquina fotográfica, sem borrão.

No experimento do gato de Schrödinger um gato é exposto ao gás venenoso que sai do vidro que se quebra justamente quando a caixa que contém o gato com o vidro é aberta. Quer se saber se nesse instante o gato está morto ou vivo ao inalar o veneno no momento que o vidro é quebrado e que escapa o veneno do vidro.

Quando um observador abre a caixa, o seu

tempo se entrelaça com tempo do gato,

então, as opiniões dos observadores do

gato sobre ele estar vivo ou morto são

formadas e cada um dos observadores não

tem interação com o outro observador por

que os relógios dos dois observadores

ainda não foram sincronizados.

Cada um deles pode ver o gato vivo ou o

gato morto.

O mesmo mecanismo de incoerência

quântica é também importante para a

interpretação em termos das Histórias

consistentes. São histórias com contagens

de tempo diferentes entre si, até que os

tempos se entrelacem.

Apenas "gato morto" ou "gato vivo" pode

ser parte de uma história consistente nessa

interpretação de sincronismo de cada um

dos observadores individualmente, por que

os eventos estão separados pelo tempo, e o

observador apenas consegue um

sincronismo: com o tempo do gato vivo ou

com o tempo do gato morto.

Lançam-se um par de moedas, com uma

moeda enviada para o destino A, onde

existe uma observadora chamada Alice, e

outro enviado para o destino B, onde existe um observador chamado Bob.

De acordo com a mecânica quântica, podemos arranjar nossa moeda de forma tal que cada moeda ocupe um estado quântico conhecido como cara ou coroa.

Daí já podermos distinguir algumas situações quânticas de funções de onda, e na perspectiva temporal cada situação de cara ou coroa representa na função de onda num determinado relógio, dado pelo estado de cada moeda, dado pela relação entre a dada pela situação ainda desconhecida se cara ou coroa ainda não revelada, logo teremos de sincronizar em algum momento da observação os tempos das moedas respectivas e autônomas, pois que ainda não interagiram com a observação.

No momento da observação se dará o colapso temporal então da sincronização será verificado o estado dos spins de cada uma das moedas.

Isto pode ser visto como uma superposição quântica de dois estados; sejam eles I e II. No estado I, a moeda A tem spin de cara e a moeda B tem seu spin de coroa, dado pela disposição temporal de seus respectivos relógios.

No estado II, a moeda A tem spin coroa e moeda B, cara.

Portanto, é impossível associar qualquer uma das moedas em um spin singular (único), com um estado definido de spin.

As moedas estão, portanto, no chamado entrelaçamento, dado pela sincronização temporal causada pelo efeito da observação.

Alice mede neste momento o spin. Ela pode obter duas possíveis respostas: cara ou coroa. Suponha que ela obteve cara. De acordo com a mecânica quântica, o estado quântico do sistema colapsou temporalmente para o estado I. (Diferentes interpretações da mecânica quântica têm diferentes formas de dizer isto, mas o resultado básico é o mesmo).

O estado quântico determina a probabilidade das respostas de qualquer medição realizada no sistema. Neste caso, se Bob a seguir medir o spin ele obterá coroa com 100% de certeza para a moeda A que está com Alice. Similarmente, se Alice obtiver coroa, Bob terá cara.

Não há, certamente, nada de especial

quanto à escolha da situação de cara ou

coroa.

Por exemplo, suponha que Alice e Bob

agora decidam medir o spin d amoeda B.

De acordo com a mecânica quântica, o

estado do spin singular deve estar expresso

igualmente bem como uma superposição

dos estados temporais de spin orientados

na direção da moeda B.

Chamemos tais estados temporais de Ia e

IIa. No estado de sincronismo temporal de

Ia, a moeda de Alice tem o spin A e o de Bob, B.

No estado temporal de IIa, a moeda de Alice tem spin A e o de Bob, B. Portanto, se Alice cair cara, o sistema colapsa temporalmente para Ia e Bob obterá coroa.

Por outro lado, se Alice cair coroa, o sistema colapsa temporalmente para IIa e Bob ficará com cara.

Em mecânica quântica, o spin A e o spin B são "observáveis incompatíveis sem considerar o sincronismo temporal com o observador temporal", que significa que há um princípio da incerteza de Heisenberg operando entre eles: um estado quântico não pode possuir um valor definido para ambas as variáveis sincronicamente: ou dá cara ou coroa na mesma moeda!

Suponha que Alice meça o spin de uma moeda e obtenha cara, com o estado quântico colapsando temporalmente para o estado I.

Agora, ao invés de medir o spin da moeda A também, suponha que Bob meça o spin da moeda B.

De acordo com a mecânica quântica, quando o sistema está no estado temporal I, a medição do spin cara de Bob (II) terá uma probabilidade de 50% de produzir coroa e 50% de cara.

Além disso, é fundamentalmente impossível predizer qual resultado será obtido até o momento que Bob realize a medição.

Incidentalmente, embora tenhamos usado o spin como exemplo, muitos tipos de quantidades físicas — que a mecânica quântica denomina como "observáveis" —

podem ser usados para produzir

entrelaçamento temporal quântico.

1. A observação de qualquer estado está

relacionada com a velocidade angular, vale

dizer, da frequência do observador em

relação à frequência do estado que está

sendo observado, daí às várias possíveis

interpretações divergentes de estados

diferentes para o Gato de Schrödinger.

2. O tempo não é o mesmo no universo.

Cada partícula tem o seu próprio tempo,

assim como os corpos extensos de

quaisquer dimensões no cosmo.

3. O tempo é uma propriedade particular e única para cada coordenada do universo. Depende apenas da equação T=1/F.

4. Quanto mais lenta a partícula, maior o seu tempo, consequentemente, quanto mais rápido (maior a sua frequência) a partícula se move mais lento é o seu tempo, vale dizer, menor é o seu período.

A perspectiva de observação de quem se move à velocidade da luz, ou seja, em frequência elevada, é a de que nada se move no universo.

Uma explosão de uma bomba química parece a um observador em repouso como um evento instantâneo, mas, se o mesmo estivesse se movimentando à quase a mesma velocidade da luz poderia ver cada fase da explosão com se fosse uma parede de tijolos sendo erguida pacientemente por um habilidoso pedreiro, tijolo-a-tijolo.

No limiar da velocidade da luz todos os eventos anteriores e posteriores parecem indiscerníveis ao observador assim postado.

Esta é a causa do emaranhamento quântico.

Uma explicação para este paradoxo é que

os astrofísicos, Físicos, Filósofos,

cometeram um grande equívoco: fizeram a

presunção, e suposição de que o universo

funciona como um gigantesco GPS, onde

os eventos cósmicos pudessem ser

sincronizados a um grande cronômetro.

Antes do Big-bang, não existia matéria,

nem matéria escura, por conseguinte, antes

do grande bang não existia o tempo, nem

as leis da Física, nem da Biologia, nem

Matemática, somente existia uma grande

concentração de uma indefinida e

indeterminada forma de energia numa

singularidade.

Depois do big bang surgiu o tempo, mas,

não um tempo sincronizado para todas as

partículas, subpartículas, estrelas e

sistemas cósmicos, como trabalha a Física,

a Astrofísica. O tempo é fragmentado e

customizado por cada partícula do universo. Cada qual tem o seu próprio relógio, a cadenciar o seu ciclo de vida.

Depois da publicação do trabalho de Bell, inúmeros experimentos foram idealizados para testar as desigualdades de Bell. (Como mencionado acima, estes experimentos geralmente baseiam-se na medição da polarização de fótons).

Todos os experimentos feitos até hoje encontraram comportamento similar às predições obtidas da mecânica quântica padrão. Baseados no tempo sincronizado do universo.

Sabemos que todos os experimentos são referenciados ao tempo do observador, daí ao experimento mental do gato de Schöredinger onde o evento somente se define para o observador, diga-se, para o momento da verificação, dentro de um contexto de descoberta, dentro do contexto de verificação e dentro de um contexto de explicação e de justificação do experimento.

Este desemaranhamento dos tempos escolhe o evento aleatoriamente e o sincroniza com o tempo da observação, instantaneamente.

Porém, este campo ainda não estava completamente definido.

Antes de mais nada, o teorema de Bell não se aplica a todas as possíveis teorias "realistas".

Foi possível agora construir uma teoria que escapa de suas implicações e que são, portanto, distinguíveis da mecânica quântica; porém, estas teorias são geralmente não-locais — não parecem violar a casualidade e as regras da relatividade especial.

Depois da formulação da teoria do tempo assíncrono no universo, as variáveis ocultas que exploram brechas nos experimentos atuais, tais como brechas nas hipóteses feitas para a interpretação dos dados experimentais, ficam assim explicadas e justificadas num contexto de justificação lógico e formal.

Todavia, ninguém ainda tinha antes da teoria da assincronicidade conseguido formular uma teoria realista localmente que pudesse reproduzir todos os resultados da mecânica quântica.

As grandes dificuldades nestas experiências mentais do gato de Schöredinger e as estruturas mentais de Bell nos remetem às duas questões:

- a) A assincronia temporal do universo;

- b) A atemporalidade de partículas viajando à velocidade da luz;

2) Consequências:

• a) O tempo congela-se no nosso âmbito de verificabilidade de eventos nas proximidades da velocidade da luz;

• b) A determinação de eventos ocorridos no universo, como até mesmo a determinação da idade do universo torna-se temerário, uma vez que estamos referenciados à temporalidade do âmbito da percepção humana do tempo, isto é, no nosso cronômetro particular terrestre.

• c) Os eventos da criação do universo pouco antes, durante e pouco depois do big-bang se deram atemporalmente, isto é: o tempo estava congelado durante estes estágios, como ocorre com os estágios dos ciclos das partículas atômicas e subatômicas.

• d) A determinação seqüencial dos eventos no microcosmo das partículas requer outro olhar para a situação do desentrelaçamento temporal humano dos eventos observáveis.

Na interpretação de muitos mundos da mecânica quântica, de Everett, a qual não isola a observação como um processo especial temporal, ambos estados vivo e morto do gato persistem, mas são incoerentes entre si, se vistos como

sincronizados entre si.

Agora poderemos rever estes conceitos de

mundos separados pelo tempo, mas, um

tempo de sincronismo entre o evento que

cai no âmbito do tempo do observador do

evento A, e o mesmo raciocínio é válido

para a alternativa do evento B sincronizado

com o tempo do observador (gato morto,

A, ou gato vivo, B).

Nos outros mundos, de Everett, quando a

caixa é aberta, a parte do universo

contendo o observador e o gato são

separados em dois universos distintos, um

contendo um observador olhando para um gato morto, outro contendo um observador vendo a caixa com o gato vivo. Isto somente só seria explicado para tempos ou relógios separados.

Como os estados vivo e morto do gato são incoerentes, quando sincronizados temporalmente, não têm comunicação efetiva ou interação entre eles.

Quando um observador abre a caixa, ele entrelaça o seu cronômetro com o cronômetro do gato, então, as opiniões dos observadores do gato sobre ele estar vivo ou morto são formadas e cada um dos estados do gato não tem interação um com o outro.

O mesmo mecanismo de incoerência quântica é também importante para a interpretação em termos das Histórias consistentes. Apenas "gato morto" ou "gato vivo" pode ser parte de uma história consistente nessa interpretação temporal (afora a explicação contida na teoria dos universos paralelos onde cada situação vivo e morto existem independentemente a partir da bifurcação temporal quando cada evento adquire sua própria história).

Outra conclusão destes conceitos é a de que se explicaria o por quê do fator (vetor da física) trabalho que mantém as partículas sempre em movimento sem desperdiçar energia, (W= E.t, "W" trabalho, "E" energia, "t" tempo) é que o tempo quase congelado (quase-nulo) das partículas se movimentando não limiar da velocidade quântica – da luz - impede que esta energia seja consumida, pois sendo W quase = 0, não viola os princípios da mecânica clássica da termodinâmica. Está superado mais um impasse-mistério do universo o qual seria a misteriosa fonte de energia do átomo e de suas partículas nunca decaírem.

PS.: Tudo o que cai no âmbito da consciência ou da nossa cognição não passa de fenômenos subjetivos não submetidos à epochê de Husserl.

Este estado de coisas superpostas tem muito a ver com a Fenomenologia. Tudo que é observado é modificado pela consciência de quem observa e é único, subjetivo enquanto fenômeno, é como se fosse uma visão particular do evento.